碳中和
与现代农业

问

潘根兴 程 琨 郑聚锋 ◎ 主编

中国农业出版社
农村读物出版社
北京

编　委　会

目录
CONTENTS

农业碳中和技术　　　　　　　　　　42

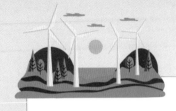

视频目录

气候变化与温室气体

　　气候是指一个地区大气的多年平均状况，主要的气候要素有光照、气温、降水、风力等，其中气温和降水是两个主要要素。气候变化不是一个短期过程，而是某一地区长时间内的大气平均状况的变化。气候变化的幅度一般通过气候要素的统计量差异来反映，如不同周期内的气温和降水变化，强冷空气和高温天气的次数以及分布状况，强降雨和干旱的次数和分布状况等。气候变化可能是大自然的内部进程，也可能是外部胁迫。不过，根据过往的研究，近代以来以气温升高和降雨分布不均为主要特征的气候变化多数是人类活动引起的。

极端气象事件（卞荣军 摄）

碳中和与现代农业*100*问

2　为什么控制气候变化刻不容缓？

　　气候变化会带来一系列严重的后果。近年来的气候变化主要是全球变暖，这会使植被向高海拔高纬度地区迁移，对生态系统的稳定产生严重的影响。同时，气候变化也造成了许多灾害损失，它直接或间接导致了极端天气变得频繁，如暴雨、暴雪、洪水、干旱、冰雹、台风、飓风等。仅在过去的20年内，全球洪灾的发生次数就增加了一倍。它还会导致海平面的上升、海洋的酸化、森林火灾或风险的增加、粮食减产、冻土层融化垮塌、病毒肆虐等，这些都会严重威胁到人类的生存。因此，控制气候变化刻不容缓。

2021年山西晋中暴雨后导致谷子倒伏（程旭东　摄）

3 | 什么导致了气候变化？

　　引起气候变化的因素有很多，如太阳黑子、地球轨道变化、火山爆发和地壳运动等。在近百年之前的气候变化主要受自然因素的影响，而近代气候变化主要受人类活动导致的温室气体排放的影响。自近代工业革命以来，大气二氧化碳（CO_2）浓度大幅升高，导致了全球的气温波动上升。石油、煤炭等化石燃料的燃烧带来的大量的温室气体排放是导致全球气温上升的主因，其他行业如农业、废弃物处理也会排放温室气体。

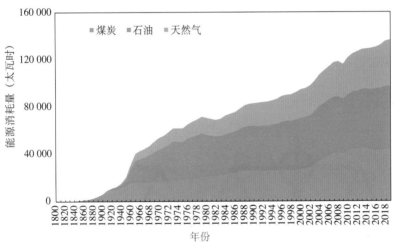

历年全球能源排放趋势图（徐向瑞 制作）

4 如何衡量温室效应？

辐射强迫可以用来衡量温室气体的效应。辐射强迫是对某个因子改变地球－大气系统射入和逸出能量平衡影响程度的一种度量，同时也是一种指数，可以反映该因子在气候变化机制中的重要性。辐射强迫分为正强迫和负强迫，正强迫使地球表面升温，负强迫使地球表面降温。温室气体作为气候变化的主要影响因子之一，一般用基于辐射强迫计算得到的GWP来衡量不同温室气体对气候变化的影响潜力。

GWP，即全球增温潜势。它是某物质产生温室效应的一个指数，指在某个时间尺度内各种气体的温室效应相对于CO_2的量。根据IPCC（联合国政府间气候变化专门委员会）发布的第五次评估报告，如果以CO_2的GWP值1为参考基准，那么如果考虑气候－碳反馈，100年尺度下甲烷（CH_4）和氧化亚氮（N_2O）的GWP值分别为34和298。

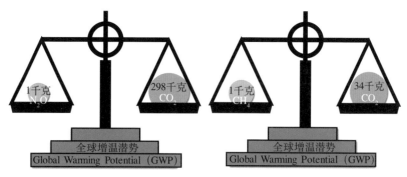

全球增温潜势示意图（徐向瑞 制作）

CO_2、CH_4、N_2O 是主要的三种温室气体。近年来，三大类温室气体的浓度持续增加，到2019年，CO_2 的年平均浓度达到了410厘米^3/米^3（百万分之一），CH_4 的年平均浓度达到了866毫米^3/米^3（十亿分之一），N_2O 的年平均浓度达到了332厘米^3/米^3。2019年大气中 CO_2 浓度高于过去200万年的任何时候，CH_4 和 N_2O 的浓度高于过去80万年的任何时候。

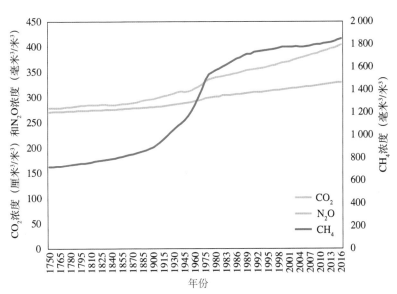

大气温室气体浓度变化图（徐向瑞 制作）

6 气候变化和陆地生态系统碳循环有何关联？

气候变化主要是指由大气温室气体浓度升高导致的全球变暖的现象，其中影响全球变暖的温室气体主要是CO_2。陆地生态系统与大气之间进行着活跃的碳交换，是大气CO_2的重要源和汇。一方面，植物通过光合作用将大气CO_2固定于植物体内，且植物碳以残体或根系分泌物的形式进入土壤，经过微生物作用转化为土壤有机质，从而起到降低和稳定大气CO_2浓度的作用；另一方面，通过植物呼吸或土壤有机质分解将CO_2排放到大气中，从而增加大气中CO_2的浓度。

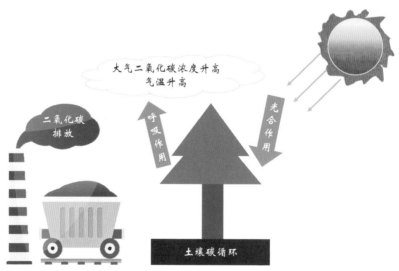

陆地生态系统碳循环与气候变化（刘志伟 制作）

土地利用变化是仅次于化石燃料燃烧的第二大温室气体排放源。林地转化为农业用地将会造成大量碳损失。据估计，在2008—2017年间由森林砍伐和其他土地利用变化造成的土壤有机碳损失约占人类活动总碳排放量的12%。相反，若由耕地转变为草地或林地则会提高土壤固碳能力，减少温室气体排放。因此，土地利用变化是造成气候变化的重要原因之一。

不同土地利用下生态系统碳库有很大差异（刘志伟 摄）

8 什么是温室气体的源和汇？

　　温室气体的源，指向大气排放温室气体的过程或活动；温室气体的汇则与之相反，指从大气中清除温室气体的过程或活动。温室气体源可分为自然源与人为源，前者包括天然湿地、火山活动等，后者以化石燃料、农业活动等为主；温室气体的汇主要包括森林和海洋。地球温室气体源远超汇的失衡，是造成气候变化和全球变暖的主要因素。经常提到的碳源和碳汇则主要是针对CO_2而言的。

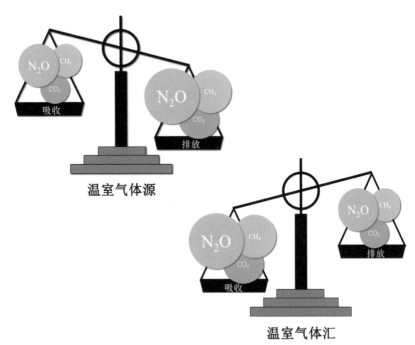

温室气体的源和汇示意图（徐向瑞 制作）

1997年12月，在日本京都召开的联合国气候变化框架公约参加国第三次会议发布了《京都议定书》，其目标是将大气中的温室气体含量维持在适当的水平，以保证生态系统的平滑适应、食物的安全生产和经济的可持续发展。《京都议定书》确定现阶段温室气体的排放限制只限定于附件一国家（主要是发达国家），并要求工业化国家在2008—2012年的平均排放量比1990年低5%以上，且在2005年之前需对2012年之后的温室气体排放做出进一步的要求与规定。

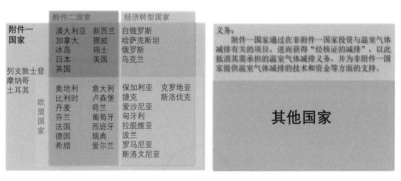

《京东议定书》对附件一国家有强制减排要求（徐向瑞 制作）

10 什么是《巴黎气候变化协定》？它对温室气体减排有何约定？

　　《巴黎气候变化协定》（下称《协定》）于2015年11月30日至12月11日在法国巴黎由《联合国气候变化框架公约》中196个缔约方国家一致协商通过。《协定》共包含29条内容，包括应对气候变化的目标、减缓、适应、资金、技术等内容。该《协定》最大的意义在于确定了控制气候变化的全球目标，即通过全球的共同努力将21世纪的全球平均气温上升幅度控制在2℃以内，并力争控制在1.5℃以内。《协定》摒弃了国家间"零和博弈"的思维，促进了各缔约方国家以"自主贡献"的形式参与全球应对气候变化的行动，明确了发达国家需要带头减排，并提供资金和技术支持发展中国家的温室气体减排行动。

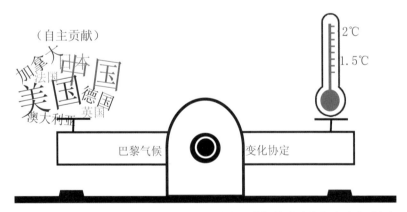

《巴黎气候变化协定》要求各个国家以"自主贡献"的形式参与全球应对气候变化行动，以实现升温控制目标（徐向瑞 制作）

中国政府积极加入国际应对气候变化组织并参加全球变化领域国际大型科学计划。自1988年联合国政府间气候变化专门委员会（IPCC）成立以来，中国政府便积极参与其各项活动。在IPCC中担任主要作者的中国学者人数由第一次评估报告（1990年）的9人上升到第五次评估报告（2014年）的43人，同时中国科学家气候变化领域研究成果的引用率不断提高。20世纪80年代以来，中国先后成立了生物多样性计划、国际地圈生物圈计划、全球环境变化人文因素计划、世界气候研究计划等国际四大全球变化研究计划的国家委员会，积极组织中国科学家参与研究。2014年3月，作为对未来地球计划这一全新的国际大型科学计划的回应，中国成立了未来地球计划中国委员会。

    中国政府一直积极签署和履行全球有关控制气候变化的国际公约和协定。1992年6月11日，由时任中华人民共和国总理李鹏代表中国在里约环境发展大会上签署了《联合国气候变化框架公约》。1998年5月29日，中国成为《京都议定书》第37个签约国。2016年4月22日，中国签署《巴黎气候变化协定》。上述国际法律文件的签署，充分体现了中国政府在控制全球气候变化上的大国担当。

近年来中国参与国际应对气候变化的主要事件（程琨 制作）

12 中国政府是什么时候承诺自主减排贡献的？

早在 2006 年，中国提出 2010 年单位国内生产总值（GDP）能耗比 2005 年下降 20% 左右。2009 年联合国哥本哈根气候变化峰会前夕，中国政府承诺，到 2020 年单位 GDP CO_2 排放比 2005 年下降 40% ~ 45%。

2014 年 11 月 12 日，中华人民共和国与美利坚合众国发表应对气候变化的联合声明，中国政府首次明确履行自主减排贡献。2015 年 6 月 30 日，中国向联合国气候变化框架公约组织秘书处提交了应对气候变化国家自主贡献文件《强化应对气候变化行动——中国国家自主贡献》。该文件进一步明确了中国到 2030 年的行动目标，即 CO_2 排放量在 2030 年左右达到峰值并力争尽早达峰，单位 GDP CO_2 排放量比 2005 年下降 60% ~ 65%，非化石能源占一次能源消费比重提高到 20% 左右，森林蓄积量比 2005 年增加 45 亿米^3 左右。2020 年 9 月 22 日，习近平主席在第七十五届联合国大会一般性辩论上发表重要讲话，再次承诺提高国家自主贡献力度，提出中国努力争取在 2060 年前实现碳中和。

中国自主减排贡献（徐向瑞　程琨　制作）

农业与碳达峰、碳中和

13 | 什么是碳达峰与碳中和？

碳达峰指某个地区或部门的CO_2排放量达到历史最高值，随后不再增加或逐步下降。因而，碳达峰是该地区或该部门温室气体总排放量开始减少的标志。碳中和指某个地区通过产业结构调整和能源体系优化而减少温室气体排放总量，同时通过地区森林、草地、湿地、农田等生态系统的吸收而抵消其温室气体排放，即通过源-汇平衡实现了CO_2的净零排放。

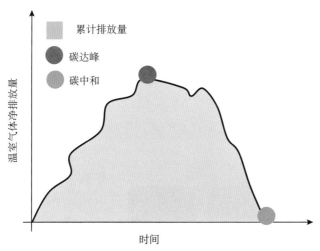

碳达峰与碳中和示意图（徐向瑞 制作）

14 碳达峰与碳中和提出的背景是什么？

中华民族复兴处于百年未有之大变局中，中国在新的全球格局中需要体现大国担当。控制气候变化是全人类的目标，是各国政府的共同话题。中国向国际承诺"双碳"目标，彰显了中国政府在控制气候变化上自主减排贡献的新高度。纵观全球200多年来的社会发展，英国主导了以煤炭能源利用为代表的第一次能源革命，美国主导了以石油和天然气为代表的第二次能源革命。第三次能源革命将以新能源转型为代表，如何适应新的经济发展全球格局演变，在可再生能源革命中引领潮流，树立中国影响，是中华民族伟大复兴的新机遇。因此，中国政府碳达峰、碳中和战略的提出，既是大国责任担当的体现，又是提高国际话语权的重要手段。

减少温室气体排放，实施能源利用逐步向绿色能源和可再生能源转型，是中国建设生态文明和推动绿色发展的必然需求。落实"双碳"目标，必将推动中国经济部门或主要领域的能源技术革新，特别是绿色能源和可再生能源工艺发展，进而通过"一带一路"，影响广大发展中国家。这一方面有利于中国经济的可持续发展，另一方面能提高中国新能源技术的国际影响力。所以，"双碳"目标作为中国"低碳、绿色和可持续"发展的新指向标，是中国经济增长的新动力，更是中华文明复兴的雄伟目标。

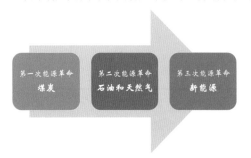

第一次能源革命 煤炭　第二次能源革命 石油和天然气　第三次能源革命 新能源

三次能源革命（程琨 制作）

根据联合国环境规划署报告，截至2021年，已有127个国家和地区对碳中和目标做出承诺。2008年，英国《气候变化法案》生效，英国成为第一个通过立法规定2050年实现零碳排放的发达国家。瑞典、法国、丹麦、新西兰和匈牙利等国，通过相关法案提出了碳中和目标，承诺在2050年左右实现碳中和。而中国、日本、德国、瑞士等国家则已宣布了相似的目标。欧盟、韩国和智利等，规定碳中和目标的立法也在进程中。不过，有些经济总量小但生态条件优越的国家（例如拉脱维亚和不丹）早已实现碳中和。

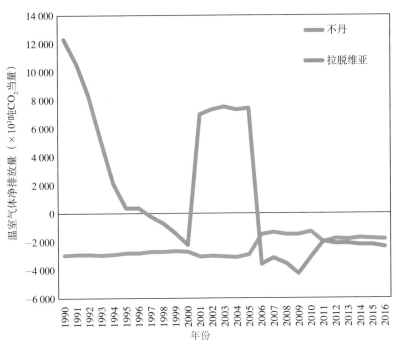

不丹和拉脱维亚已实现碳中和（徐向瑞 制作）

16 农业在全球温室气体排放中占据什么地位？

　　根据联合国粮食及农业组织（FAO）统计，2018年全球农业源温室气体排放约93亿吨CO_2当量，约占全球总人为温室气体排放的11%。其中，一半以上来自畜牧业（40%来自养殖动物肠道发酵，20%来自养殖业粪便管理），而农业化肥使用和稻田CH_4排放分别占13%和10%，剩余的17%来自作物秸秆焚烧和农田有机碳库损失。从国家间分布来说，接近40%的全球农业温室气体总排放来自中国、印度、巴西和美国四个国家。

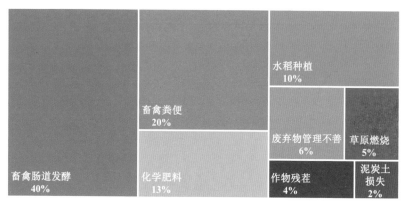

数据来源：FAOSTAT

全球农业不同排放源温室气体排放比例（徐向瑞 制作）

根据《中华人民共和国气候变化第三次国家信息通报》，农业活动相关的温室气体排放为8.3亿吨CO_2当量，约占全国总排放的7.9%。其中，CH_4和N_2O排放分别为4.7亿吨和3.58亿吨CO_2当量。对CH_4而言，以动物肠道发酵、水稻种植和动物粪便管理产生的排放为主，其排放分别为2.17亿吨、1.83亿吨和0.64亿吨CO_2当量。对N_2O而言，以农田土壤和动物粪便管理产生的排放为主，其排放分别为2.83亿吨和0.73亿吨CO_2当量。值得注意的是，我国林草等生态系统每年产生碳汇10.3亿吨CO_2当量。

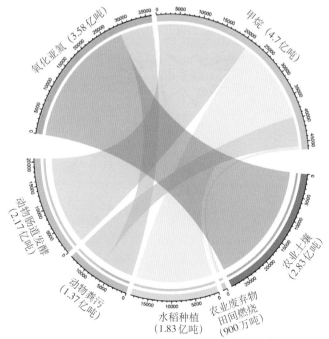

中国农业温室气体排放现状（李云鹏 制作）

18 在国家实现碳达峰和碳中和目标上，中国农业能作出哪些贡献？

　　农业是重要的温室气体排放源，但同时蕴藏巨大的碳汇潜力。对种植业而言，提升农业生产资料（如化肥、农药等）的利用效率和优化农田管理（如稻田水分管理），可有效降低农田温室气体排放；对畜牧业而言，优化反刍动物的饲料配比，以及提升畜禽粪便管理水平，可降低由于反刍动物肠道发酵和粪便管理带来的温室气体排放，进而有效助力碳达峰。农田土壤可通过增加有机质而增加碳汇，例如将秸秆、畜禽粪便等通过气炭能肥转化，一方面转型生产CH_4等可燃气，得到替代传统化石燃料的减排效益，另一方面通过将其残渣转化为有机肥和生物质炭等施用于农田，促进有机质稳定积累，提升土壤碳汇，从而为国家碳中和目标的实现作出贡献。

碳中和

生物质炭

高产品种

保护性耕作

废弃物管理

水分管理

使用硝化抑制剂

配施有机肥

合理施用化肥

农业良好管理措施助力碳中和（徐向瑞 制作）

农田土壤是CO_2、CH_4和N_2O等温室气体的重要排放源。土壤排放的CO_2是生物代谢和生物化学过程等因素的综合产物，主要包括：植物根系呼吸、土壤微生物和土壤动物呼吸以及含碳物质的化学氧化过程。稻田土壤是重要的CH_4排放源，复杂有机物在厌氧条件下被细菌分解，进一步被产CH_4菌利用而产生CH_4，并通过扩散作用、冒泡和水稻的通气组织排放到大气中。农田土壤N_2O的排放主要受氮肥施用的影响，在微生物驱动下由硝化和反硝化两个过程产生N_2O排放。

培养条件下农田土壤温室气体排放的测定（刘志伟 摄）

氮肥施用、稻田淹水、秸秆处理都与温室气体排放有关（刘志伟 制作）

20 农田人为管理如何影响温室气体排放？

农田人为管理会不同程度改变温室气体的排放强度。例如：秸秆直接还田会使稻田 CH_4 排放量显著增加，但对 N_2O 排放的影响具有不确定性，通常会降低稻田 N_2O 排放而增加旱地 N_2O 排放；保护性耕作结合生物质炭施用、测土配方施肥、有机与无机肥配施等技术可有效降低农田温室气体排放。通过烤田和干湿交替的管理方式替代长期淹水、施用产 CH_4 抑制剂和选用低排放水稻品种可降低稻田 CH_4 排放；配施脲酶抑制剂和硝化抑制剂可有效降低农田 N_2O 排放。

农田耕作与追肥（李云鹏 龙国刚 摄）

畜禽养殖过程中会产生大量的CO_2、N_2O和CH_4等温室气体，同时会伴随着大量的NH_3排放，其产生途径主要包括三个方面：一是动物肠道内发酵会产生大量CH_4，特别是反刍动物的产生量较大；二是畜禽粪便存储过程中产生大量的NH_3、N_2O和CO_2等气体排放，而在无氧的条件下会产生CH_4排放；三是在放牧过程中通过影响草地生态系统中土壤的理化性质（有机物含量、土壤孔隙度、含水率、微生物活性）而改变温室气体的排放强度。

牛是一种反刍动物，可通过肠道发酵产生甲烷排放（刘志伟 制作）

22 养殖业人为管理如何影响温室气体排放？

　　畜禽养殖过程人为管理措施主要包括饲料喂养、饲养数量、畜禽舍的环境管理（如温度、光照和湿度等），以及畜禽粪便的处置方式等。例如，秸秆通过氨化、青贮、粉碎和颗粒化处理可以提高其消化率，降低单位畜产品的CH_4排放量；减少畜禽粪便堆放时间、降低储粪环境温度、粪便固体化和干燥处理，以及通过沼气池处理粪便，从而减少动物粪便CH_4和NH_3的排放；将畜禽粪便进行厌氧条件储存，以及添加硝化抑制剂可以降低N_2O排放。

养殖业（孙建飞 摄）

观测农田 CO_2、N_2O 和 CH_4 等常见温室气体排放的方法主要包括通量箱法、微气象法、遥感反演法等，后来延伸发展了10多种温室气体观测方法。通量箱法中的静态箱法（密闭箱法）是目前最常用的方法，通过将密封的箱子罩住观测土壤表面，使箱内气体与外界无任何交换，每间隔一定的时间从箱内用取样器（例如注射器）抽出一定量气体样品，将气体样品带回实验室用气相色谱仪检测分析，从而计算出温室气体的排放速率。

农田温室气体排放采集——
盆栽试验（卞荣军 摄）

农田温室气体采集方法——静态暗箱法（卞荣军 摄）

24 农田土壤碳库有多大？其在农业发展中是如何变化的？

全球农田耕地总面积约为13.7亿公顷，其有机碳储量在表层 0～1米范围内约为1 700亿吨，占陆地生态系统有机碳储量的10% 左右。农田土壤碳库是陆地生态系统碳库中最易受人为干扰的碳库 （短时间调控），据估算，由人类活动（耕作、施肥等）所导致的全球 土壤有机碳损失约占土壤碳库的5%。通过合理农田技术（合理土地利 用、秸秆还田、增施 有机肥、少耕或免耕 等管理措施）全球农 田有机碳每年可提升4 亿～8亿吨，减排潜 力每年高达55亿～60 亿吨CO_2当量。

农田土壤有机质主要集中在耕作层（孙建飞 摄）

湿地作为主要生态系统类型之一，尽管其面积仅占陆地总面积的4%～6%，但其有机碳储量占全球陆地生态系统土壤碳库的1/3左右。湿地土壤有机碳密度高达150吨/公顷以上，是相应气候带农业土壤的3倍，将湿地开垦为农田后会引起土壤有机碳的大量损失，从而增加大气CO_2浓度，加剧大气的温室效应。据估计，在我国由于湿地土壤的大面积开垦而引起的有机碳损失就达到了15亿吨。因此，为保护土壤碳库和减缓气候变暖，要避免过度将湿地开垦为农田。

湿地土壤有差巨大的碳储量（邵天韵 摄）

26 如何使农业成为碳汇？

　　农业是大气温室气体的一个重要的源，同时也是大气CO_2的一个重要的汇。通过人为管理措施，一方面减少农业来源的温室气体（如CH_4和N_2O）排放，另一方面可以提高作物生产力和提升土壤有机质的含量，增加土壤的碳汇效应，这些农业措施主要包括增施有机肥、秸秆还田、施用生物质炭、种植绿肥等。此外，采用合理轮作、粮肥间套作、果园生草覆盖、减少水土流失、节水灌溉等技术也是增加土壤碳汇效应和减少温室气体排放的有效措施。

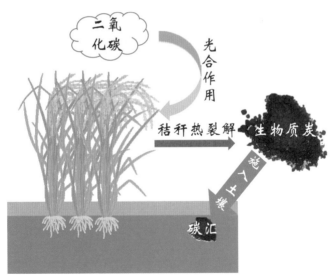

秸秆通过热解制备成生物质炭再还田可大幅增加土壤碳汇（吴秀兰 制作）

27 你知道"千分之四"计划吗？

在2015年12月第21届联合国气候变化大会上，法国农业部部长正式提出了"千分之四计划：服务于粮食安全和气候的土壤"的国际动议，简称为"千分之四"计划。该计划指出全球土壤在0～2米的深度内有机碳储量为24 000亿吨，而全球每年因矿物燃料燃烧的碳排放当量为89亿吨，相当于全球土壤有机碳储量的千分之四。因此，全球土壤只要在0～2米深的范围内有机碳储量每年增加千分之四，就可抵消当年因矿物燃料燃烧的碳排放量。该计划的提出体现了土壤碳库在减缓气候变化中的重要作用，期望通过提高土壤有机质含量既服务于全球粮食安全又支撑气候变化减缓。

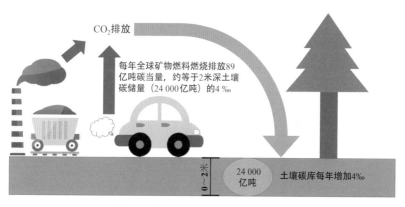

"千分之四"计划示意图（吴秀兰 制作）

28　水耕和旱耕对农田碳库的影响有何不同？

　　旱耕条件下土壤通气性较好，土壤微生物活性高，因而有助于土壤有机质分解；水耕与旱耕相比，长期的淹水环境导致微生物对有机质的分解活动相对较弱，易于有机质的积累。水稻土作为一种特殊利用方式下所形成的人为水耕土壤，其有机碳储量是所有耕作土壤中最高的。据估算，我国水田的表土有机碳密度平均为47吨/公顷，而旱地平均为36吨/公顷。通常，水田耕层土壤有机碳含量约为旱地耕层有机碳含量的1.7倍以上。

水耕（左）和旱耕（右）土壤剖面（李世贤　郑聚锋　摄）

不同农作物种植过程中温室气体排放特征存在较大差异，例如，水稻生长季由于长期淹水，稻田会产生大量的CH₄排放。双季稻与单季稻相比，由于淹水时间更长，所以产生的CH₄量更大，而N₂O排放量则相反；小麦、玉米及豆科类作物等旱地作物生长过程中产生的温室气体主要以N₂O为主；但在相同的农业管理措施下，豆科作物生长过程中N₂O的排放量低于小麦和玉米等作物。

不同水旱轮作制度
（岳骞 摄）

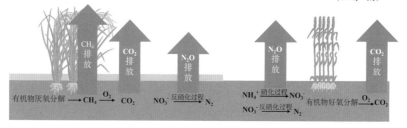

不同农作制度农田温室气体排放有较大差异（吴秀兰 制作）

30 什么是农业固碳减排？

农业固碳减排包含农业固碳和减排两个方面。农业固碳是指将农业生态系统中的温室气体以有机碳或植物生物量的形式固定在土壤、植被及其凋落物中；农业减排是指通过合理农业管理措施以减少农业向大气中排放温室气体。农田固碳减排措施主要包括：优化农业土地利用方式、改善农业生产经营模式、合理灌溉与施肥、秸秆覆盖、秸秆炭化还田、改善反刍动物饲养模式、开发新能源等。

秸秆资源化利用可以助力农业碳中和（杨顺华 摄）

低碳农业指通过改善农田管理减少农产品生产机械使用的化石能源投入和化肥施用产生的 N_2O 及稻田淹水产生的 CH_4 排放，同时通过废弃物循环利用和提升土壤有机质等增加农业碳汇的可持续农业活动。从本质上来讲，低碳农业就是显著降低单位农产品产量和单位农业收益的农业温室气体排放，因而是农业清洁生产及生态农业和绿色农业聚焦碳中和的升级。湿地农业、生物多样性农业也可以是低碳农业的表现形式。

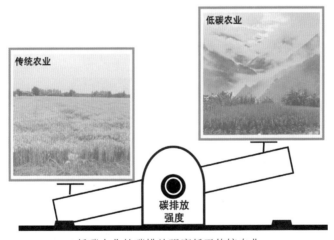

低碳农业的碳排放强度低于传统农业

(徐向瑞 制；左图徐向瑞摄于宜兴，右图杨顺华摄于墨脱)

32 实现低碳农业有哪些途径？

　　低碳农业中的低碳是指低碳排放。减少碳排放的技术途径都是低碳农业的关键技术。减少农业生产中化石能源的使用主要表现为少、免耕，采用秸秆还田的保护性耕作既减少了农用机械的化石能源投入，又增加了土壤碳汇，是低碳能源的常规途径。畜禽废弃物沼气化处理，既增加了可再生能源，又将废弃物转化为有机质资源，替代化肥而减少氮肥 N_2O 排放，还增加了土壤碳汇。再如，秸秆等生物质废弃物炭化生产生物质炭，既增加稳定的土壤有机碳汇，又与化学肥料混合生产炭基肥，可以大大减少化肥施用及由此引起的温室气体排放。对于不同的农业区和不同的作物，低碳农业的具体技术模式需要因地制宜地示范推广。

缓释肥可以减少氮素损失，进而减少 N_2O 排放；
竹屑制作的炭棒可以作为燃料使用（徐向瑞 卞荣军 摄）

中华农耕文明历史悠久、内涵丰富，许多传统农耕方式可以说是人类最早的低碳农业表现形式。这些传统低碳农业包括山地丘陵区的梯田稻作农业，如粪肥、草塘泥和稻-渔-畜-人复合生态系统等。梯田是水肥耦合的高度创造。以红河哈尼梯田为例，"村在山腰、水过村流、田在村下、粪随水下"，借势山地丘陵地形，"森林-水系-村庄-梯田"四素同构、浑然天成，水资源得到充分的人-畜-田共享利用。水既是农村能源（例如水车碾米），又是施肥动力（粪水灌田），还是水稻生长资源。在古代，粪肥其实就是以粪作肥，是农业养分的主要来源；在平原、水网地区，农民还在农闲时清理沟边草、挖河塘泥，挑至田块边的小池子，堆沤后备作肥料用。最近的一些考古发现还表明，古人还采用火炭法循环利用废弃物。例如，上山文化遗址和南方其他一些稻作农业遗址发现，炭化稻壳成堆出现，可能是古人将稻谷脱粒后把稻壳火烧作炭灰施用。作为中华农耕文明的精华，一些典型的农耕模式已经被列入中国重要农业文化遗产名录进行保护，它们在土地保护、资源循环和农牧协同等方面至今仍有重要启示作用。

哈尼梯田（李甜怡 摄）

34 为什么农业双减是碳中和的主要途径？

化肥和农药施用是农业生产中的重要管理措施，其大量施用将导致农业大量温室气体排放。这主要体现在两个方面：一方面，化肥和农药的生产过程需要耗费能源，这个过程会产生碳排放；另一方面，农田中施用的氮肥，在土壤微生物的作用下会产生 N_2O 排放。因此，降低化肥和农药的施用量是降低碳排放的重要途径，同时，双减措施也会减少面源污染和湖泊的富营养化，起到减排与降污协同的作用。

农业双减示范（李世贤 摄）

　　测土配方施肥以作物缺什么元素就补充什么元素为原则，根据作物对养分的需求、土壤养分供应能力和肥效，在适宜时间采用适宜的技术和施用适宜量的化肥，达到降低肥料施用量和提高肥料利用率的目的，从而减少化肥生产和施用过程产生的温室气体排放，同时增加土壤的有机碳含量。因此，测土配方施肥是一项重要的碳减排措施，可以助力碳中和。

土壤样品的采集及便携式探头原位测定土壤性质（程琨 摄）

测土（李世贤 摄）

36 是不是所有农业新技术都是碳中和技术？

随着科学的进步与技术的发展，农业生产中涌现出一系列新技术，例如：转基因、生物防治、农作物化控、节水保水、农业信息化、农业废弃物资源化利用、智能温室大棚、植物工厂等新技术。通过转基因、生物防治等新型技术可实现农业上的减肥减药，降低能源消耗，减少温室气体排放。但是，并不是所有新技术都是碳中和技术，例如：温室大棚农膜的使用、重型农用机械能源消耗等都会增加温室气体的排放。

智慧农业（李世贤 摄）

37 设施农业是高排放农业吗？

　　设施农业指在人为可控的环境设施与条件下的农业生产。从投入角度而言，设施农业是"高投入、高产出"的生产模式，单位面积的水肥和能源消耗（如冬季供暖）都远高于露地农业。设施农业的设施结构需要大量钢材和塑料棚膜，设施农业的生产需要大量塑料管材和盆钵架等工业材料，设施农业生产中还需要大量的水、肥投入。同时，设施农业常常造成土壤退化和果树蔬菜等作物的连作障碍，并增加化肥和农药投入。所有这些都使设施农业成为高排放的农业产业。不过，设施农业因单位土地面积生产效率提高和单位产量的成本降低，通过合理的管理措施，仍有可能降低单位产量农产品的温室气体排放量（亦称碳强度）。尽管设施农业并非基于自然的农业，亦非低碳农业，但因农民的单位土地产出和单位劳动力产出效率的提高，有利于满足市场对反季节果蔬的需求，有利于提高农民的收益。

设施农业（徐向瑞 摄）

38 农业固碳技术有哪些？

农业生产中采用合理的技术措施可以增加农业固碳潜力，主要的固碳技术有：保护性耕作技术（秸秆地表覆盖、少免耕等），农作物秸秆还田技术（秸秆粉碎抛撒、机械还田等），牧草生产固碳技术（切根改良、免耕补播、混播建植、草田轮作等），秸秆能源化利用技术（生物质炭农田施用等），沼肥综合利用技术（以沼肥部分替代化肥，提升土壤固碳能力），渔业综合养殖碳汇技术（碳汇生物种类、多营养层次综合养殖模式等）等。

秸秆直接还田、秸秆炭化还田都可以带来土壤碳汇
（刘志伟 摄）

稻田长期淹水会产生大量CH$_4$排放，而不同作物品种、水分状况、肥料施用都是影响CH$_4$排放的关键因素。因此，可以从水稻品种的选择（因地选择合适水稻品种）、水分管理（间歇灌溉、控水晒田）、施肥措施（有机－无机肥料施用时期和方法）、合理耕作和轮作（少耕或免耕、水旱轮作）以及稻－鸭复合种养模式、沼渣还田、生物质炭还田等方法控制或减少稻田CH$_4$的排放。

稻田水分管理（夏鑫 摄）

40 农田 N_2O 排放能减少么？

农田施用化肥是农业产生 N_2O 的重要来源，其产生量受施肥量与水分状况影响，因此，通过施肥管理和水分调控可以有效降低其排放。例如，通过测土配方施肥实现合理养分配比，改表施为深施、化肥与有机肥混施等技术提高氮肥利用效率，长效氮肥与控释化肥的施用、脲酶/硝化抑制剂组合施用以及间歇性灌溉等技术或方法减少农田 N_2O 的排放。

通过科学施肥可以降低农田 N_2O 排放（程琨 制作）

通过采用合理技术手段可以实现我国农田较高的减排潜力，例如：通过秸秆炭化还田、有机肥部分替代化肥等技术手段增加农田土壤有机质，每年增汇潜力可达4.7×10^3万吨碳（相当于17.2×10^3万吨CO_2排放）；通过改表施为深施、推行长效与缓效氮肥、优化灌溉方式等技术，将氮肥利用率从30%提高至40%～50%，农田N_2O减排潜力达5万～12万吨/年，相当于每年减少1.5×10^3万～3.6×10^3万吨CO_2排放；优化水分管理，并施用产CH_4抑制剂等，我国稻田年CH_4排放可减少50%左右（10.2×10^3万～13.6×10^3万吨当量CO_2排放）。

土壤固碳17.2×10^3万吨 CO_2当量

氧化亚氮减排1.5×10^3万～3.6×10^3万吨CO_2当量

甲烷减排10.2×10^3万～13.6×10^3万吨CO_2当量

农田有着巨大的固碳减排潜力（程琨 制作）

农业碳中和技术

42 农业碳中和技术有地域限制吗？

　　我国幅员辽阔，气候与土地资源差异较大，使得不同农业区有其特有的轮作制度和农田管理模式，所适用的碳中和技术也有所差别。例如，在南方稻-稻、稻-麦和稻-油等多熟制地区，前季秸秆还田腐解有限而影响后季作物播种和农事操作，甚至带来病虫害，并引起后作水稻CH_4排放大幅提升。而在北方一年一熟制地区采取秸秆还田措施，可提升土壤肥力、增加土壤碳库；特别是东北地区，冬季干燥、农闲时间长，适合玉米等秸秆收集并通过养殖过腹还田，而旱地施用有机肥可增加土壤碳汇，特别是秸秆炭化条件较好，可发展秸秆离田炭化，与动物粪污协同处理，制成新型炭基有机肥或炭基肥，可以起到更好的炭基增汇减排和农业增产增效效果，同时还能补充农村生物质能源，所以在北方旱作区发展气炭能肥联产固碳减排具有优越的产业条件。因此，围绕不同地域的农业生产特征，可针对性地开展区域适宜性农业碳中和技术。

不同地区农田特征（杨顺华 徐向瑞 摄）

生物质炭基肥生产
（卞荣军 摄）

有机农业要求在农产品生产过程中依靠有机肥与病虫害生物、物理防治等方法，以替代化肥、农药等人工化学合成品。因此，相比于常规农业，有机农业可避免化学农资产品生产过程中的温室气体排放，而且通过使用有机肥可增加土壤碳库，且有机肥替代化肥施用降低了农田 N_2O 排放，但需警惕淹水稻田施用有机肥导致 CH_4 增排的风险。而且，有机肥的生产、农机燃油的消耗等也会排放温室气体。因此，农业活动产生的温室气体排放很难被自身的碳汇效应所抵消，有机农业是否有助于实现碳中和则需要进行严格的碳核算。不过，将农业碳中和的理念和技术融入有机农业生产中，使有机农业从产品属性向系统的温室气体平衡要求转型，比如有机农业与生物质能源的结合，可能成为碳中和农业的有效模式。

有机农场（程琨 摄）

江西有机农场火龙果种植（杨顺华 摄）

44 多年生作物和一年生作物在农业碳中和中有何不同？

一年生作物地上部生物量通常被收获，地下部主要通过根系输入提高土壤有机碳含量；相较于一年生作物，多年生作物根系更为发达（可达2米以上），可以将碳长时间固定在植物体内，其发达的根系结构能将土壤颗粒缠绕串联，提高土壤团聚能力，从而有助于土壤保持水分和碳、氮等元素，其保持性能通常是一年生作物的50倍以上，且伴随着生长与更深层次的扎根，可以减少水分和硝酸盐的流失并提高土壤碳储量，从而达到有效减肥并提升土壤碳库的效果。

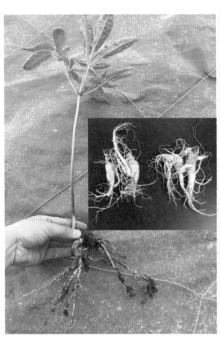

多年生人参和一年生水稻（刘成 薛中俊 摄）

45 保护性耕作是碳中和技术吗？

碳中和技术的目的是通过碳捕获降低大气中CO_2浓度。常规犁耕模式会破坏土壤结构，使土壤中的有机质暴露在土壤外表，易被微生物利用，从而增加碳排放；而农田保护性耕作是通过少耕、免耕、地表覆盖、地表微型改造及绿肥种植等方式减少土壤的扰动，以防止土壤侵蚀和增加土壤有机碳输入，从而增加土壤碳库储量。因此，保护性耕作是促进土壤固碳的碳中和技术。

绿肥作物——紫云英（马睿凌 摄）

46 农业废弃物处理与碳中和是什么关系？

　　农业废弃物是农业生产、农产品加工、畜禽养殖和农村居民生活中产生的废弃物总称。农业废弃物若处置不当，如焚烧或随意堆置，存在排放 CH_4 与 N_2O 等温室气体的环境风险，是农业生产活动中温室气体的潜在排放源之一。农业废弃物的资源化利用不仅可以避免不当管理导致的温室气体排放，还能够通过改土节肥、能源替代等方式减排增汇。因此，农业废弃物的合理处置和循环是农业温室气体减排最具产业潜力和农业改土节肥增效意义的途径。

有机肥厂（徐向瑞 摄）

我国每年各类农作物秸秆资源量约为10亿吨，其主要成分是纤维素类的碳水化合物，由大气中的CO_2经植物光合作用转化而成。对秸秆的资源化利用也是对作物吸收的CO_2的再利用，是实现碳中和的关键途径。例如，将秸秆加工为生物质颗粒燃料可减少传统化石能源消耗带来的温室气体排放；将秸秆制备为生物质炭可将生物质中有机形态的碳转化为更稳定的芳香族化合物形态，从而减缓碳元素向大气释放的速率。

秸秆机械化打包离田
（卞荣军 摄）

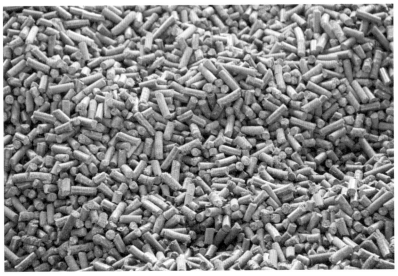

秸秆固化成型燃料（崔立强 摄）

48 沼气与碳中和有什么关系？

沼气的主要成分是 CH_4（50% ~ 80%），常由粪便、秸秆等农业废弃物在厌氧条件下发酵产生。通过对废弃物的收集、预处理与发酵，对产生的沼气进一步净化与运输等，可在工业、交通与日常生活等领域减少对传统化石燃料的依赖。因此，沼气生产链首先从源头端减少了农业废弃物处置不当可能导致的温室气体排放，并从消费端减少了传统化石燃料消耗带来的温室气体排放，最终助力实现碳中和。

正在建设的沼气厂（孙建飞 摄）

有机肥一般由秸秆、畜禽粪便等农业废弃物腐熟堆肥而来，其中含有大量的有机碳和氮、磷、钾等营养元素。有机肥在土壤中施用后，一方面，可以改善土壤结构，促进作物根系生长，增加土壤有机碳含量；另一方面，有机肥部分代替化肥，不仅可以降低 N_2O 的排放，而且由于降低了化肥施用量而减少了在化肥生产过程中造成的碳排放。因此，有机肥能够有效服务于碳中和，而碳中和也将促进有机肥行业的发展。

堆肥（马睿凌 摄）

50 秸秆还田都能固碳减排吗？

秸秆还田作为秸秆资源化利用方式被广为应用，但此利用方式是否具有减排效果与其施用的环境和方式有关。例如：秸秆在稻田土壤中施用不一定能够起到减排作用，因为秸秆还田虽然增加了土壤碳库的总量，但同时也为产CH_4菌提供了营养物质，稻田的长期淹水将产生大量CH_4，并随秸秆还田量的增加CH_4排放量逐渐增加。如果在休耕季非淹水条件下进行秸秆还田还可能会增加N_2O排放量。

秸秆还田（马睿凌 摄）

作物秸秆中（小麦、玉米、水稻等秸秆）富含纤维素、淀粉与木质素等，气化后经微生物发酵，一部分可生产固体压缩成型燃料，另一部分可以转化生成乙醇等液体燃料；在厌氧条件下秸秆发酵并被微生物分解转化，可以产生沼气；在秸秆中添加微生物腐熟剂并进行堆肥处理，可以生成有机肥；此外，秸秆在限氧或无氧条件下于250～750℃炭化炉中进行炭化分解，体内含碳化合物会发生热解，从而固、液、气三相分离，产生生物质炭、木醋液和可燃气等生物质能源。

生物质可燃气
（卞荣军 摄）

秸秆热解炭化过程会产生生物质可燃气
（卞荣军 摄）

52 为什么生物质炭化在废弃物处理中更有利于固碳减排？

生物质炭化的基本原理是在限氧或无氧条件下，生物质中的含碳化合物在250～750℃发生热化学反应，发生固、液、气分离而产生生物质炭、木醋液和生物质可燃气。生物质炭化工艺技术的核心是实现生物质中有机碳和养分最大程度的循环利用。其中，生物质炭富含稳定的有机碳，可长期留存而实现固碳；产生的生物质可燃气可代替化石燃料用于外部能源供给（如集中供暖、生产蒸汽、并网发电等）而减排；木醋液产物含有丰富的小分子有机物，是一种兼具药和肥特性的生物活性物质，用作肥料可减少农药化肥的投入。

生物质炭生产与土壤改良
（卞荣军 摄）

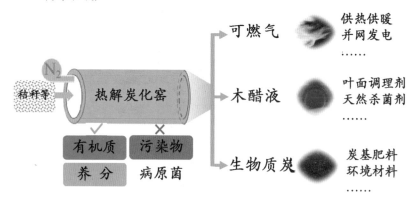

生物质热解炭化过程及主要产物（卞荣军 供图、视频）

生物质炭的固碳减排效应包括秸秆等生物质在热解过程中产生的能源和归还的养分资源而直接减排，以及施用生物质炭抑制土壤N_2O排放而产生的间接减排效应。施用以生物质炭为载体的炭基肥料具有缓释高效的特征，可大幅减少农田温室气体排放、提高作物产量、减少化肥投入；待化肥养分被作物吸收利用后，生物质炭归还于土壤又实现土壤固碳，长期施用有利于土壤质量持续改良和有机质提升而助力碳中和。

秸秆炭化还田（卞荣军　摄）

54 稻秆炭化还田在水田和旱地的减排有何区别？

旱地土壤中产生的温室气体以 N_2O 为主，生物质炭在旱地中施用后可以减少氮素损失、提高氮素利用率并显著减少 N_2O 排放；水田在淹水条件下产生的温室气体以 CH_4 为主，生物质炭添加对 CH_4 产生的影响因土壤特性和生物质炭的制备原料、热解温度及 pH 而异。例如：高炭化温度、高 pH 的生物质炭施用于质地为沙质土的水田后，可以减少 CH_4 排放；对于质地为黏质土的水田而言，施用生物质炭通常会增加 CH_4 的排放。

生物质炭与水田（左）和旱地（右）土壤的结合（马睿凌 潘根兴 摄）

相比于散户经营模式，规模化的农业生产模式具备高效、高质与低投入的特点。对种植业而言，规模化农业可降低单位面积化肥投入与农药施用，且机械化程度大幅升高，从而降低了单位面积农田温室气体排放。对畜牧业而言，规模化养殖由于饲料投喂和畜禽粪便处理等环节具备更高效率，同样降低了单位产量的温室气体排放。因此，农业规模化有助于种植业的固碳减排与养殖业的温室气体减排。

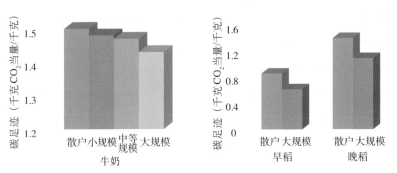

不同规模养殖、种植碳足迹对比

56　如何减少反刍动物养殖的温室气体排放？

反刍动物养殖的温室气体排放包括肠道发酵的CH_4排放和粪便处理的温室气体排放。反刍动物由于瘤胃的存在，饲料等有机物会在其密闭环境中厌氧发酵并产生CH_4，减少这部分排放的主要措施是改善饲料质量和提高生产力。通过粗饲料和精饲料的合理搭配、秸秆青贮和氨化、在饲料中添加壳聚糖等添加剂，可以减少单个动物的CH_4排放。对圈养模式而言，还应关注粪便等废弃物不当处理导致的温室气体排放。可通过对畜禽粪便资源化利用，如沼气发酵、有机肥生产和生物质炭化等，避免温室气体排放的同时还可通过能源替代、土壤固碳增加碳汇。对放养模式而言，转场放牧可有效减少土地退化，避免土壤碳库的损失，而种植适宜于当地的牧草可减少对化肥等农资的依赖。

羊是一种反刍动物，可通过肠道发酵排放CH_4（青海）（杨顺华 摄）

　　禽类养殖中的温室气体减排主要依靠加强粪便等废弃物的管理。例如，鸡粪作为富含养分的有机废弃物，是生产沼气和有机肥的理想原料。对禽类排泄物进行无害化处理与资源化利用，并通过有机物料的形式还田，可有效增加土壤固碳。值得注意的是，禽类养殖企业的清粪方式也会影响温室气体排放，相比于水冲清粪和水泡粪等清粪方式，干清粪往往具有更低的 CH_4 排放。

粪便处理是养鸡场的重要排放源（杨顺华 摄）

58 养殖业结合光伏发电是碳中和的新技术吗？

光伏产业作为新能源发展的必要环节，可与养殖业有机结合，协同助力实现碳中和。首先，光伏组件可安装于动物圈养建筑的屋顶，实现养殖园区的能源自供，或减少对传统能源的依赖。对沙漠地区而言，光伏套件的大范围使用遮光挡风，可减少土壤水分蒸发，因此有效提升了治沙效果与植被覆盖率，并在提升土壤肥力的同时，实现"板下种植＋板下养殖"的模式，提升牧民的生产效益。

内蒙古库伦旗太阳能发电与养殖相结合（张铜会 摄）

农产品加工是农产品从生产到消费的关键路径，相关环节的温室气体减排与低碳化是农业温室气体减排的重要构成部分。首先，提升农产品加工企业的规模是增加生产效率的关键途径，可降低单位产品的能源消耗与物料投入。在能源供应上，尽可能增加光伏、生物质能等新能源的投入，并选择能耗低而效率高的加工设备。对农产品加工剩余的废弃物，应避免随意堆置引起温室气体排放，尽可能选择制作有机肥或热解为生物质炭等资源化利用途径，以增加温室气体减排与固碳潜力。

浙江仙居杨梅加工（应铮铮 摄）

浙江朵形茶加工过程
（丁长庆 摄）

60 稻米产业链如何服务碳中和？

稻米产业链服务碳中和，主要依靠其稻田种植环节、收获后的秸秆处置方式和稻米加工环节的减排增汇。在水稻种植过程中，可通过节水灌溉，施用腐熟有机肥、生物质炭、生物抑制剂等系列措施，减少 CH_4 和 N_2O 排放并提升土壤碳汇。水稻收获后，水稻秸秆可通过收集离田炭化，生产生物质炭并回施农田而改良土壤增加碳汇，大米加工剩余物——稻壳加工生物质颗粒燃料，替代化石能源服务粮食干燥和食品加工，形成米－炭－能多元化新型产业结构，助力农业碳中和。

稻米碾磨设备（纪洪亭 摄）

农业农村是我国新能源建设的重要环节，特别是在农业废弃物处置、沼气生产、发展农村分布式光伏与风力发电等清洁能源领域具有巨大潜力。但在农业农村发展新能源，仍需结合实情，因地制宜，加强科技创新与管理机制创新。例如，农业废弃物来源广泛且分散，其综合利用的前提是加强收储运环节的基础建设；对于建有规模化养殖业的乡村，可以配套养殖设施，对动物粪污进行沼气处理，所产沼气供应乡村能源或发电；对于可以减缓光照的农作物，特别是设施农业，可以适当发展光伏发电；滩涂平原区可以因地制宜发展风电等清洁能源。当然，现阶段在农村地区发展新能源仍有赖于相关政策和资金的扶持。

太阳能在农村的应用（杨顺华 摄）

农业碳计量与碳交易

62 什么是温室气体清单？

温室气体清单是以政府、企业为单位计算其在社会活动和经济发展过程中所带来的温室气体排放。IPCC在1996年编写并发布了《IPCC温室气体清单指南》，随后在2006年和2019年相继发布了修订版本。该指南为各国提供了温室气体统一核算的标准和范围。截至2018年，我国发布了三次《中华人民共和国气候变化国家信息通报》，分别报告了1994年、2005年和2010年国家温室气体清单。我国于2011年编制并发布了《省级温室气体清单编制指南》，内容涵盖了能源活动、工业生产过程、农业活动、土地利用变化与农业和废弃物处理等过程带来的直接和间接的温室气体排放以及吸收汇。

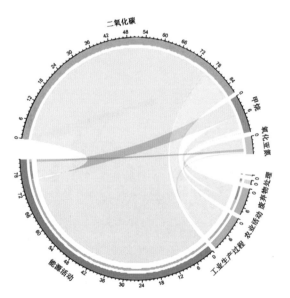

2010年中国不同部门的温室气体排放（李云鹏 制作）

MRV 是指碳排放的量化与数据质量保证的活动，包括监测（Monitoring）、报告（Reporting）和核查（Verification）三个部分。MRV 体系是碳交易机制建设运营的基础，只有完成了 MRV 的三个流程，企业才能最终确定碳排放总量，同时参与碳交易的碳汇项目产生的核证减排量也必须达到可测量、可报告、可核查的要求。我国颁布了《碳排放权交易管理办法（试行）》和《企业温室气体排放报告核查指南（试行）》等相关文件，用于对重点排放单位进行温室气体排放核查。

（程琨 制作）

64 什么是清洁发展机制？

清洁发展机制（CDM）是指《联合国气候变化框架公约》第三次缔约方大会（京都会议）通过的缔约方在境外实现部分减排承诺的一种履约机制。清洁发展机制的核心内容是发达国家与发展中国家通过项目级的合作对"经核证的减排量"（Certified Emission Reductions，CERCs）进行交易，以履行京都议定书规定的减排义务。中国政府从 2004 年开始实施 CDM 项目，CERCs 数量位居全球第一。

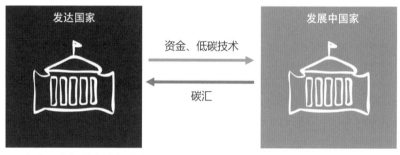

发达国家提供资金技术在发展中国家实施项目并获取碳汇（程琨 制作）

65 什么是农业碳核算？

　　农业碳核算是量化农业生产过程中温室气体排放的方法。开展农业碳核算首先需要根据核算的主体对象确定温室气体排放源和碳库，然后针对每个排放源和碳库研发相应的核算方法，最后根据不同温室气体的全球增温潜势对核算主体的净碳排放进行计算，同时应给出核算结果的置信区间。农业碳核算的难点在于核算方法的研发，这主要是由于一些农业排放，如农田 N_2O 排放、稻田 CH_4 排放、反刍动物肠道发酵 CH_4 排放、粪便管理温室气体排放，受到管理措施和多个环境要素的影响，直接监测成本较高，数学模型模拟精度有待进一步提升。

温室气体排放源和碳库的确定 ▸ 活动水平数据的监测与调查 ▸ 计量方法的开发 ▸ 综合温室气体效应的计算 ▸ 不确定性分析

农业碳核算流程图（程琨 制作）

66 **当前农业碳核算的方法有何优缺点？**

　　农业碳核算计算方法包括实测法、排放系数法和模型模拟法。实测法对固定点位测量结果准确，但是成本较高，且在空间上代表性有限；排放系数法相对简单且成本较低，但由于考虑的管理和环境要素比较单一，使得核算结果的不确定性较高，开发更加细化的排放系数是未来研究的重要方向。模型模拟法由于考虑了更多的影响因素，在点位和区域尺度的核算都有较好的准确性，但与排放系数法相比需要更多的数据来驱动模型，在未来应当关注体现区域特征的模型的研发。

方法	成本	难易程度	数据需求	准确性
实测法	高	实验操作技能要求高，数据处理简单	直接监测	准确估计点位排放，空间代表性有限
排放系数法	低	须掌握数据统计分析技能，难度适中	所需数据较少	准确性与排放系数的细化程度有关
模型模拟法	低	须具备大数据复杂运算能力，难度较高	需要丰富数据驱动模型	在验证的前提下有较高的准确度

不同碳核算方法的优缺点（程琨　制作）

67 农业减排增汇如何核算？

农业减排增汇核算包含以下步骤：（1）确定项目边界，包括地理边界和时间边界；（2）确定基线情景，即当地的常规农业管理模式；（3）识别温室气体关键排放源和碳库，即与该项目直接相关的排放源和碳库；（4）确认项目是否存在泄漏，即由项目实施引起的发生在核算边界外的温室气体排放；（5）根据温室气体关键排放源和碳库及泄漏选取合适的核算方法；（6）对核算所需的数据进行监测或调查；（7）将基准线、项目排放和泄漏分别计算，并基于不同温室气体的全球增温潜势计算农业减排增汇量（即净碳汇量，一般以CO_2当量表示），计算式为：净碳汇量＝基准线排放量－项目排放量－泄漏。

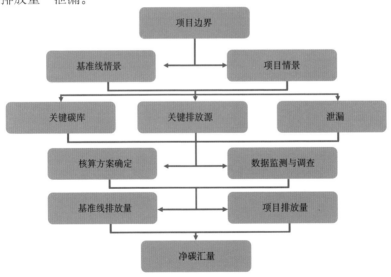

减排增汇核算流程（程琨 制作）

68 什么是碳排放系数？

碳排放系数是指生产或使用单位产品所产生的温室气体排放量，一般以"千克或吨CO_2当量/单位产品"表示。例如，中国水稻和小麦生产的碳排放系数分别为每千克水稻1.07千克CO_2当量和每千克小麦0.65千克CO_2当量；尿素生产的碳排放系数为每千克氮素7.48千克CO_2当量。化学氮肥的施用可以带来直接的N_2O排放，需注意的是，不同生产条件或使用条件下，碳排放系数有较大差异，例如，持续淹水的稻田中大约有0.3%的氮肥以N_2O形式排放到大气中，而在中期晒田的稻田中这一比例达到0.5%。

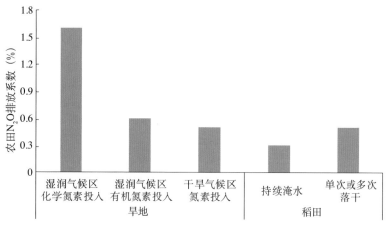

不同环境、管理条件下温室气体排放系数有较大差异（程琨 制作）

农业活动的直接排放是指在进行农业生产过程中，在农业生产边界范围内直接向大气排放温室气体的过程。对于种植业来说，直接排放包括氮素投入带来的土壤N_2O排放和淹水稻田产生的CH_4排放；对于养殖业而言，直接排放包括反刍动物肠道发酵CH_4排放和粪便管理导致的温室气体排放。

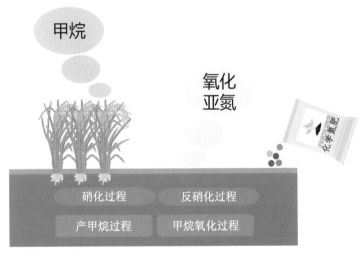

稻田的直接温室气体排放（程琨 制作）

70 什么是碳信用？

碳信用有两种类型，一种是排放温室气体的权利许可，另一种是温室气体减排的证明。一般1个碳信用额等于1吨CO_2当量。碳信用和碳市场是国家和地区减缓气候变化的一种市场机制。碳信用机制的实施可以鼓励生产者和消费者投资温室气体排放低的产品、技术和工艺。例如，采用低碳技术的公司可以将富余的碳信用出售给碳信用额度不够的公司而获取经济收益，政府也可以通过碳信用监管达到经济发展可持续的目的。

排放权或碳汇都是一种碳信用（程琨 制作）

碳税是指为促进绿色低碳和经济高质量发展，以减缓气候变化和保护环境为目的，针对CO_2排放所征收的税。碳税纳税人是指向大气中直接排放CO_2的单位和个人，征收的税额是依据化石燃料的消耗量来进行征收。国家发展和改革委员会、财政部的研究报告称为了促进民生，对于个人生活使用的煤炭和天然气排放的CO_2暂不收税。碳税企业所在领域包括煤炭、钢铁、石化、有色、建材、化工、交通等。

温室气体排放过多的工厂可能需要缴纳碳税（程琨　制作）

72 什么是碳交易？

碳交易是指为促进温室气体减排以应对气候变化，将CO_2排放权或碳汇作为一种产品，运用市场机制来进行买卖和交易的过程。买方和卖方可以是以国家为主体（发达国家向发展中国家购买碳汇或发达国家之间进行碳排放权交易），也可以是以企业、组织或个人为主体。对于企业来说，在节能减排节约成本的同时，还能通过出售额外的碳排放权给需求端，使盈利能力进一步提升。碳汇项目参与方则可以通过包括光伏发电、风力发电、林业碳汇等减排增汇项目的实施获取经核证的减排量，进行碳汇交易。

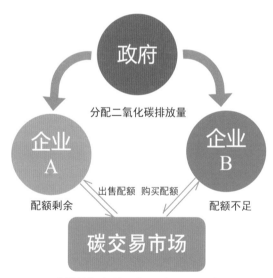

碳排放权交易示意图（程琨 制作）

碳交易是实现碳中和愿景的核心政策工具之一，是利用市场机制促进经济社会发展全面绿色转型并达到温室气体减排目的的一种方法和手段。为了不超出政府设定的CO_2排放上限，高排放企业会以低成本效益最优的方式实现碳减排，通过技术改造仍旧超出碳排放上限的部分则需要缴纳碳税或进入碳交易市场购买碳排放权或碳汇。碳交易可以激发国家、企业、组织和个人参与节能减排的积极性，促进碳中和的更快实现。

74 碳排放权交易和碳汇交易有什么区别?

碳交易市场有两类基础产品:一类是政府给企业分配的碳排放权(即碳排放额度);另一类是要通过第三方机构,依据已颁布或备案的碳汇方法学来计算和核查的减排量(例如农业碳汇、林业碳汇、可再生能源等)。减排困难、碳排放额度不够的国家或企业可以向减排容易、有多余碳排放额度的国家或企业购买排放权,也可向通过实施碳汇项目获得经核证的碳汇量的企业、组织或个人购买碳汇以抵消其超额排放量。

购买 碳汇 核证

高耗能企业   固碳减排项目

碳汇交易示意图(程琨 制作)

农业是温室气体的重要排放源，如将直接排放源和间接排放源一并计入，农业温室气体排放量将占温室气体排放总量的近20%；同时，农田土壤又有着巨大的碳汇潜力。因此，农业可通过良好的管理措施带来可观的固碳减排量。例如通过保护性耕作提升土壤有机碳库储量、测土配方施肥技术减少农田 N_2O 排放、人工植树造林增加生态碳汇等。需要注意的是，参与碳交易的农业项目须具有额外性，即该项目不是当地的普遍做法，且短期内不易推广。以碳汇造林为例，项目必须在无林地上实施造林项目才可以参与碳交易。

保护性耕作（刘成 摄）

76　什么是碳汇项目方法学？

碳汇项目方法学是以核算温室气体减排增汇量为目的，实现碳交易市场运营的基础工具。碳汇项目产生的净碳汇量需要第三方机构来进行监测、报告和核查，这离不开相应碳汇方法学的支撑。碳汇项目方法学的内容主要包括：适用条件、定义、规范性引用文件、项目边界的确定、碳库和温室气体排放源选择、项目活动开始日期和计入期、基准线情景识别和额外性论证、分层、项目净碳汇量计算、不确定性分析、监测方法和附录等几个方面。

减排增汇项目方法学提纲

- 适用条件
- 定义
- 规范性引用文件
- 项目边界的确定
- 碳库和温室气体排放源选择
- 项目活动开始日期和计入期
- 基准线情景识别和额外性论证
- 分层
- 项目净碳汇量计算
- 不确定性分析
- 监测方法
- 附录

碳汇交易方法学提纲

（程琨　制作）

我国温室气体自愿减排方法学备案清单中，与农业相关的方法学共有9个，分别是《家庭或小农场农业活动CH$_4$回收》《在水稻栽培中通过调整供水管理实践来实现减少CH$_4$排放》《竹子造林碳汇项目方法学》《可持续草地管理温室气体减排计量与监测方法学》《森林经营碳汇项目方法学》《碳汇造林项目方法学》《竹林经营碳汇项目方法学》《反刍动物减排项目方法学》和《保护性耕作减排增汇项目方法学》。

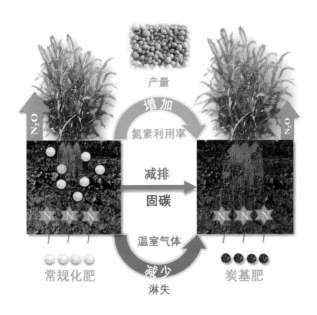

生物质炭基肥应用是潜在的碳汇交易项目（卞荣军 制作）

78 当前农业碳汇项目方法学编制存在什么困难？

　　种植业和养殖业中有碳汇潜力的管理技术繁多，须针对不同技术开发相应的方法学。方法学编制过程中的难点，首先是对关键排放源和碳库的识别，然后须针对不同排放源和碳库开发满足成本有效性和计算结果准确性双重要求的计量方法，而由于农业温室气体排放和碳库变化影响因素繁多，研发相关的计算模型或参数也是一个难点。当前，从事农业碳汇项目方法学研发的专业人才较少，这也导致了相关方法学开发的困难性。

参与农业碳交易的主体包括供给方与需求方。需求方是碳排放超过排放定额的国家或企业，而供给方是农业碳汇项目活动的经营者，应包括以小农经济为主体的个人、集约化模式的农场经营者和相关企业。一些农业类企业也可以作为碳汇供给方参与碳交易，例如生物质炭化企业通过将农业废弃物进行热解炭化生产生物质炭，而生物质炭施用于农田可带来稳定的碳汇。

河北栾城规模农场（杨顺华 摄）

80 农业领域可参与碳汇交易的潜在项目有哪些？

农业领域可参与碳汇交易的潜在项目：（1）减少化学肥料带来的农田 N_2O 减排，包括冬种绿肥、稻鸭共作、测土配方施肥和有机物料替代部分化学肥料等；（2）保护性耕作增加土壤碳汇；（3）改造西南地区的冬水田以减少水稻季的 CH_4 排放；（4）秸秆或者畜禽粪便的非稻季还田减少稻田 CH_4 排放；（5）大型生物质沼气工程，将沼气提纯压缩成液化天然气；（6）秸秆和畜禽粪便热裂解炭化技术提升土壤碳库并降低农田温室气体排放；（7）在荒地种植人工林等。

江苏昆山稻鸭共作（史晓腾 摄）

生态环境部于2021年7月16日正式启动全国碳排放权交易市场。目前我国有九大碳交易所，分别是：上海环境能源交易所、北京绿色交易所、深圳排放权交易所、广州碳排放权交易所、湖北碳排放权交易中心、天津排放权交易所有限公司、重庆碳排放权交易中心、四川联合环境交易所、海峡股权交易中心——环境能源交易平台。

82 种植农作物也可以和植树造林一样成为碳汇么？

　　植树造林带来的碳汇主要考虑地上部和地下部生物量的增加，而土壤有机碳库的增加既可以考虑，也可以保守地忽略该碳库。植树造林碳汇项目的项目期至少20年。与植树造林有所不同，每年种植的农作物收获的籽粒一般被食用，而其地上部秸秆和地下部根系中的大部分碳又会在短时间内被分解回归到大气中，无法像森林植被碳库一样长期稳定。但是通过良好的管理方式，增加农田土壤有机碳库并减少温室气体排放也可以带来可观的碳汇。

农田土壤固碳（李恋卿 摄）

83　什么是碳足迹？

　　碳足迹是指某个产品生产或某项人类活动全生命周期排放的温室气体的总量，以碳当量或者CO_2当量来表示。碳足迹的计算方法主要有生命周期评估法、能源消耗排放量计算法、投入产出法和Kaya碳排放恒等式法等，其中生命周期评估法相对准确。例如，生产一辆轿车的平均碳足迹是8.74吨CO_2当量，而生产1升饮用水的平均碳足迹是0.17千克CO_2当量。

纯净水
1升

8.74吨二氧化碳当量　　　　　　0.17千克二氧化碳当量

生产一辆轿车的碳足迹和生产1升纯净水的碳足迹（程琨 制作）

84 什么是农业生产的碳足迹？

农业生产的碳足迹是指作物产品从播种到收获的整个生长周期内，由于农业活动所导致的直接或间接的温室气体排放总量。农业生产碳足迹的计量范围既包括发生在农业生产边界范围内的土壤N_2O排放、稻田CH_4排放、反刍动物CH_4排放、畜禽粪便管理CH_4和N_2O排放，也包括发生在农业生产边界外但是由农业生产导致的排放，如化肥、农药、饲料等农资生产过程的排放、灌溉或养殖场耗电的排放等。

作物生产碳足迹示意图（程琨 制作）

85 农产品的碳足迹是如何计算的？

农产品的碳足迹一般采用生命周期评价法进行计算，以千克 CO_2 当量/千克产量或千克 CO_2 当量/单位营养成分来表示。首先，应确定该农产品生产生命周期所有的温室气体排放源。然后，针对每个排放源选取合适的监测或计算方法；由于直接监测成本太高，一般推荐采用排放系数法或模型模拟法进行计算。最后，通过全球增温潜势将所有排放源的温室气体排放量进行加和，即可得到农产品的碳足迹。

碳足迹评价流程图（程琨 制作）

86 农作物生产碳足迹中各排放源所占比例如何？

　　不同农作物的碳足迹中各排放源所占比例有所不同。如在水稻生产过程中，CH_4 引起的温室气体排放对碳足迹的贡献最大（51%～77%），其次是肥料制造和农田灌溉耗电的排放。旱地作物碳足迹主要贡献者为肥料制造排放（44%～63%）、农田灌溉耗电的排放（15%～33%）和 N_2O 排放（10%～22%）。

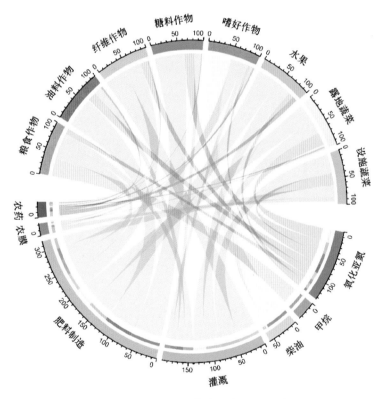

不同农作物的碳足迹构成（李云鹏 制作）

畜禽养殖过程中温室气体排放占比最大的是饲料作物种植过程产生的排放和饲料加工过程能源消耗导致的排放，占比34%～56%；对于反刍动物的肉类和奶类生产，反刍动物肠道发酵导致的CH_4排放也是碳足迹的重要组成部分，占总碳足迹的23%～30%；而畜禽动物养殖过程粪便管理导致的排放也贡献了一定比例（3%～17%）。

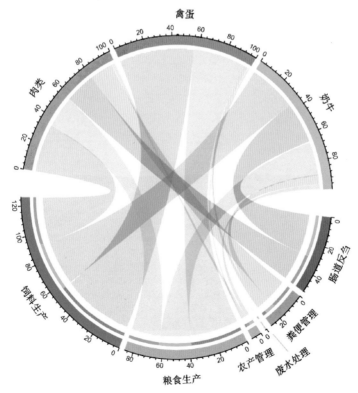

不同畜禽养殖的碳足迹构成（岳骞　李云鹏　制作）

88 你知道农业生产有"隐藏"排放么？

　　在农业生产过程中除了农田 N_2O 排放、稻田 CH_4 排放、反刍动物 CH_4 排放、粪便管理 CH_4 和 N_2O 排放，还存在着一些不易被察觉的"隐藏"排放。作物生产的"隐藏"排放主要有化肥等农资生产过程的排放、农业灌溉耗电排放等；饲料加工过程耗能排放、养殖场运营过程对电力、天然气等能源消耗所带来的排放是畜禽生产的"隐藏"排放。这些"隐藏"排放在农产品碳足迹中占据重要比例，比如，在旱作作物生产的碳足迹中"隐藏"排放占比可达70%以上。

农药机械化喷施（冯健 摄）

如果为了降低碳足迹，一味地减少化肥、农药等农业投入，无视作物生长需求，可能会导致作物减产，这样的措施是不可持续的。农业是全球人类福祉的根基，因此农业减排应以增产、稳产为前提。通过测土配方技术合理调整化肥施用量，减少化肥的过量使用，可以在稳产甚至增产的前提下减少温室气体排放。一些良好的农田管理措施，如有机肥替代化肥、秸秆合理还田、水肥一体化、保护性耕作等，不仅可以减排增汇，还可以达到培肥土壤、增加作物产量的效果。

山东寿光番茄滴灌（刘志鹏 摄）

90 各类农产品的碳足迹差异有多大？

不同农产品的碳足迹有较大的差异。总体上，畜禽产品单位产量的碳足迹高于粮食。对比不同作物的碳足迹，粮食作物和经济作物单位产量的碳足迹要高于其他作物。在主要粮食作物中，水稻的碳足迹高于小麦和玉米。对比不同畜禽产品，肉类的碳足迹高于蛋类和奶类。

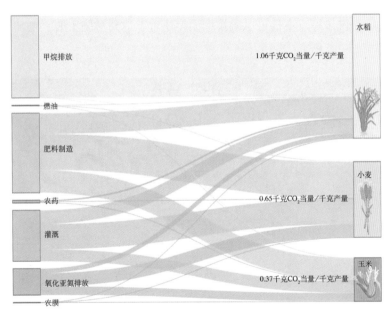

不同粮食作物碳足迹对比（李云鹏 制作）

由于气候条件、土壤性质、农田管理的差异，不同地区农作物的碳足迹有较大的差别。比如，由于水稻生育期气温低于南方，东北地区水稻生育期CH_4排放一般低于南方，所以东北地区水稻的碳足迹就低于南方水稻。再以小麦为例，2018年中国不同省份小麦生产的碳足迹为每千克产量0.34 ~ 1.01千克CO_2当量。造成省份间碳足迹差异的主要原因是氮肥施用量不同导致的N_2O排放差异。

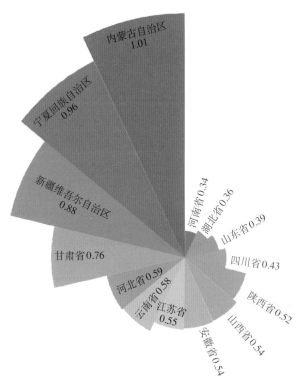

不同省份小麦单位产量碳足迹（千克CO_2当量/千克产量）有较大差异（李云鹏 制作）

92 为什么低碳农产品消费可以助力碳中和？

低碳农产品是指在可持续发展理念指导下，通过产业结构调整、技术与制度创新、可再生能源利用等多种手段，有效降低农产品生产、物流、包装、消费等过程中高碳能源消耗和温室气体排放，达到低碳评价指标要求的农产品。低碳农产品消费习惯的培养和低碳经济的兴起，可以激励低碳农产品农场或企业低碳技术的革新，并倒逼粗放、高排放农业产业模式改革，实现农产品生产和加工过程的大幅减排。

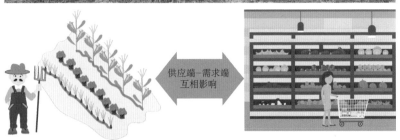

供应端-需求端
互相影响

农业供应端和需求端在温室气体减排中可相互影响（程琨 制作）

低碳消费并不是阻止人们消费，而是鼓励和引导居民在衣、食、住、行、娱等生活的各方面，有意识、有意愿地选择气候和环境友好型产品与服务；扩大内需是国家根据当前的实际情况所做出的恢复经济、稳定就业、促进社会和谐发展的一种有效手段，并不是一种浪费。通过倡导低碳消费，可以引导产业结构调整和低碳技术研发，还可激发人们的消费兴趣、减少浪费。因此，两者不仅不矛盾，还可相辅相成促进经济健康发展。

94 固碳减排与优质高产有矛盾么?

固碳减排与优质高产并不矛盾,两者的协同是农业可持续生产的重要体现。通过优化水肥管理、耕作措施,发展良好的农田管理措施,不仅可以带来温室气体的减排和土壤碳汇,还可提升耕地质量,促进作物高产高效。以"梨树模式"为例,在东北黑土地采取保护性耕作措施,不仅可以大幅提升土壤有机碳水平,带来农田碳汇,还减少了土壤侵蚀和退化,保障了作物的高产和稳产。

东北黑土地保护的"梨树模式"(赵正 摄)

农产品消费是否低碳应该从农产品本身生产、加工、包装和运输过程是否低碳和消费过程是否存在过度消费和浪费的情况来评判。近年来，过度包装引起广泛关注，过度包装不仅是对资源的浪费，也带来了额外的大量温室气体排放。产品浪费也是一种高排放行为，其导致了生产过程温室气体排放的浪费，而处理丢弃的废弃物也需要排放温室气体。因此，低碳消费不仅对产品生产过程的技术有要求，对消费行为和习惯也有要求。

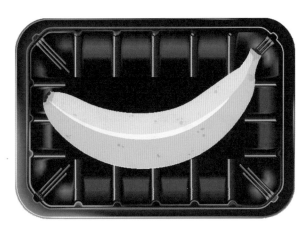

过度包装也是一种高碳排放行为（程琨　制作）

96 如何通过碳标签引导低碳消费？

碳标签是指将商品生产的全生命周期内（原料生产、加工制造、储存运输、使用消耗、废弃处理的全部过程）所产生的温室气体排放量以CO_2当量进行核算，以标签的形式告知消费者产品的碳信息。可以通过碳标签的制作和张贴，结合"碳积分"积累和兑换产品等激励措施，让消费者了解其所购商品对生态环境的影响，引导消费者培养低碳消费习惯、传播绿色低碳理念。

碳标签示意图（程琨 制作）

农产品碳标签制作的核心是农产品碳足迹的计量。首先，应调查作物种植过程的相关信息，以及农产品再加工和运输的能耗。作物种植过程相关信息包括种植面积、产量、土壤理化性质、农资投入量（肥料、农药、农膜等）、管理措施（水分管理、田间耕作方式、农田废弃物处理方式等）；农产品再加工和运输的能耗包括原材料的使用、电力和燃油等的消耗量。然后，选取合适的碳足迹计量方法对农产品生产、加工和运输过程中的温室气体排放进行计算，并采用全球增温潜势折算为CO_2当量。最后，将总排放与农产品产量相除计算得到生产每千克农产品排放的CO_2当量。

| 温室气体排放源的确定 | 农产品生产和加工过程数据的监测与收集 | 碳足迹计量方法的开发与确定 | 温室气体排放总量的计算 | 每个包装农产品碳足迹的计算 | 碳标签的设计与张贴/印刷 |

碳标签制作流程图（程琨 制作）

98　为什么珍惜食物就是减排？

　　据估计，全球每年有三分之一甚至更多的食物被白白浪费，其中由食物收获、加工、储运等造成的食物损耗浪费占总浪费量的63％，由人们在家庭、餐饮业中的食物丢弃而产生的浪费占比37％，这也导致了每年因食物浪费导致的CO_2排放可达到44亿吨。食物浪费导致了其生产过程的无效排放，还增加了由于处置废弃物所带来的排放。光盘行动的提出彰显了我国对于食物浪费的整治决心，消费者也应通过减少食物浪费为实现国家碳达峰、碳中和目标作出自己的贡献。

在大学校园进行的光盘行动（李云鹏　摄）

由于不同农产品生产过程的碳排放有所差别，所以不同饮食结构的碳排放也有较大差异。例如，畜禽产品单位产量的碳足迹远高于农作物；在所有畜禽产品中，牛羊肉单位产量的碳足迹大于猪肉和鸡肉，蛋类和奶类的碳足迹相对较低；小麦和玉米的碳足迹高于豆科作物，蔬菜单位产量的碳足迹相对较低。所以，肉多重油的饮食习惯所带来的每餐人均的碳排放高于相对清淡的饮食习惯。而且，据调查和计算，由于在外就餐点餐量大、肉多重油，外出就餐的碳排放明显高于在家就餐。根据《中国居民膳食指南》推荐的饮食方式，有研究发现目前饮食方式的每餐人均碳排放高于推荐的饮食方式。因此，健康的饮食习惯也会对温室气体减排作出贡献。

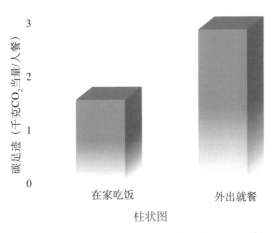

柱状图

在家吃饭和外出就餐碳足迹对比（*程琨　制作*）

100 低碳消费也是一种健康生活方式吗？

　　合理的低碳消费也是一种健康的生活方式。低碳消费并不是要求我们降低生活品质，相反，合理的低碳消费还可以督促我们养成良好的生活习惯。用生活中的出行和饮食来举例子，如果在平常近距离出行时我们能选择走路、骑共享单车等低碳健康的出行模式，而不是开车、打车，那么不仅可以减少CO_2排放，还能起到锻炼身体的作用；再比如，肉类的碳足迹约是蔬菜碳排放的41倍，植物性脂肪的碳排放强度（也就是生产每千克脂肪带来的碳排放量）远低于动物性脂肪，在我们日常的饮食中，多吃蔬菜少吃肉，不仅为减排作出了贡献，也有利于身体的健康。

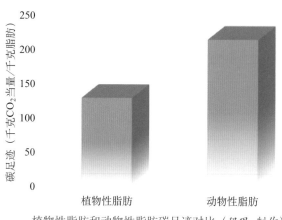

植物性脂肪和动物性脂肪碳足迹对比（程琨 制作）

农业绿色低碳发展是我国农村产业扶贫策略重要的一部分，也是生态振兴的关键举措。生态农场、有机农场等农业生产模式控制化肥、农药等化学品的使用并施用有机肥等措施，不仅可以生产优质农产品，增加农民收入，而且在减少N_2O排放、增加土壤碳汇方面有很大潜力；农业废弃物资源化循环利用不但可以带来碳中和效益和经济效益的提升，还有望成为农业和农民增收增效的一种循环经济补充。同时，一些低碳农业项目是参加碳汇交易的潜在项目，可通过碳汇交易获得额外的收益，进而为巩固脱贫攻坚成果、促进乡村振兴提供新的动力。

炭基农业与乡村振兴
（韩玥 摄）

低碳农业与乡村振兴可以有机结合（程琨 摄）

图书在版编目（CIP）数据

碳中和与现代农业100问/潘根兴，程琨，郑聚锋主编. —北京：中国农业出版社，2022.9
ISBN 978-7-109-29842-2

Ⅰ.①碳…　Ⅱ.①潘…②程…③郑…　Ⅲ.①二氧化碳－节能减排－中国－问题解答②现代农业－中国－问题解答　Ⅳ.①X511-44②F323-44

中国版本图书馆CIP数据核字（2022）第149484号

中国农业出版社出版
地址：北京市朝阳区麦子店街18号楼
邮编：100125
责任编辑：魏兆猛
版式设计：杜　然　　责任校对：吴丽婷　　责任印制：王　宏
印刷：北京通州皇家印刷厂
版次：2022年9月第1版
印次：2022年9月北京第1次印刷
发行：新华书店北京发行所
开本：880mm×1230mm　1/32
印张：3.5
字数：90千字
定价：30.00元